V

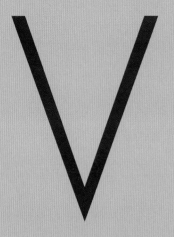

I

别墅

龙涛 编 孙哲 译

家居空间
与
软装搭配

HOME SPACE AND

INTERIOR DECORATION

辽宁科学技术出版社
沈阳

L

L

A

CONTENTS

海棠公社
别墅

▶ 新中式风格

项目位于北京东郊一处居住区之中，设计范围是联排别墅楼当中一个单元的上下三层。一层以及地下室是上下连通的，主要用来作主人对外接待；二层有独立的出入口，主要满足家庭内部起居。

"与自然相伴"一直是中国人对于理想生活环境的追求，那么在当代居住区的现状条件下怎样表达这一追求呢？设计借鉴了中国传统建筑经验，在建筑现状条件下围绕内与外的互动关系进行思考，基于"关系"而不是"形式"进行设计。

1.拆除封闭的隔墙，代之以半透明墙体，强化水平空间的层次与流动，将光线和自然景观由室外向室内衍生。

2.地下庭院并没有采用小区常见的玻璃顶覆盖做法，而是将其视为室内空间不可分割的一部分，改造成为自然状态的竹林卵石庭院，使内与外的空间气息产生关联。

3.室内设计中的自然材料、隐形照明、家具配饰结合整体空间共同营造具有东方气息的朴素、静谧的居住氛围。

设计的基本思路是利用材料和空间的变化来模糊原本空间的内外、界面之间的关系，创造一种开放而充满层次的漫游环境，让室内脱离局部的装饰，回归到自然、朴素、静谧的具有东方气息的居住氛围。

设计师
韩文强、李云涛
（建筑营设计工作室）

摄影师
魔法便士
（www.zoomarch.com）

面积
510m²

主要材料
乳胶漆、橡木饰面板、
大理石、不锈钢

项目地点
中国，北京

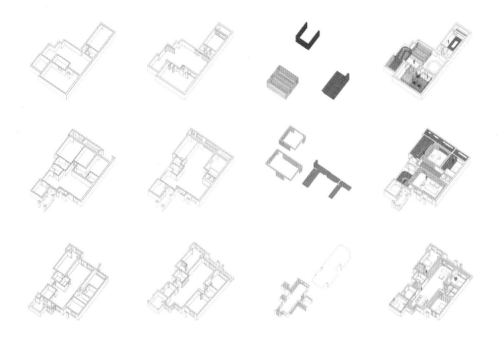

分析图

二层平面图

一层平面图

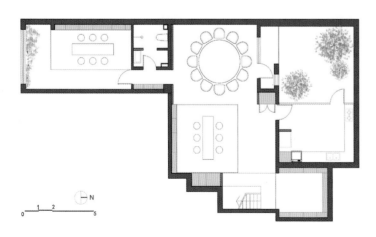

负一层平面图

装饰品陈设

一层围绕会客厅和书房这两个木盒子空间展开，橡木格栅加搁架以备藏书、展示、陈列之需，同时构建出由外到内半透明的层次关系。茶室利用灰色水泥漆结合定制的混凝土台面和桌面，灰盒子与背景的反差产生不同尺度的空间感受，同样的手法也用于客卧室。地下一层重新整合了下沉庭院与内部空间的关系，庭院种植竹林使下层空间产生内外景观的交互。地下车库也被改造成为明亮的客房空间。二层内部居住部分置入一个"穹顶"柔化屋顶与墙面的关系，使内部环境柔和而富于变化。

灯光照明尽量采用隐形照明方式，避免眩光。

一层用 LED 灯线结合书架渲染出柔和的环境氛围。落地灯、吊灯作为装饰照明，局部墙体挂画，所以配合点光源重点照明，色温 3500~4000K。吊顶尽量不设射灯。地下多采用发光灯带，室外庭院竹林下暗藏有 LED 射灯照射竹影。二层结合穹顶部分设置了多个 LED 筒灯，渲染星光点点的效果。

以自然为原则，不采用人工痕迹重的景观。整个庭院墙面由竖向木质格栅包裹，形成一个完整的木质背景。庭院由白色鹅卵石干铺地面，下面暗藏排水口。竹林与木格栅相互掩映，竹下点缀几块石头。庭院中心用锈铁板焊接了一个矮桌，天气好时可以品茶闲聊。

家具设计与材料使用

家具与空间作为一个整体进行设计。一层及地下室家具多为实木质感，塌、案、几均带有中国传统意味。二层配合客厅选择白色沙发及水墨地毯。用料原则是尽量自然、朴素，人与材料应该产生亲和力。

天花：白色乳胶漆、橡木饰面板、灰色水泥漆、镜面不锈钢

墙面：白色乳胶漆、橡木饰面板、橡木格栅、灰色水泥漆、白玉大理石、印刷玻璃。

地面：白色环氧树脂自流平、胶粘鹅卵石、灰色自流平、白玉大理石、木纹砖。

材料所产生的色彩关系控制在白色、灰色和木色三种。彼此组合搭配。

上海绿地海珀佘山别墅

▶ 新中式风格

> SDcasa 在上海绿地海珀佘山别墅这个作品中，从文化根源追溯设计根本。宋代的美学，日式的工匠精神，现代中国人的生活研究，这些都是设计之前必做的功课。

在这里，设计师将对"天人合一"的意境诉求融汇于现代生活情境之内。设计除保留传统中式风格含蓄秀美的设计精髓之外，呈现现代、简约、秀逸的空间，使环境和心灵都达到灵与静的唯美境界，迸发出更多可能性的联想。

化繁为简，吐故纳新是该居所的创作内核。设计放弃对风格样式的表象追求，在情绪、文化、气质、认同层面，寻找可以联系、沟通、协调的路径，以此表达人的精神诉求。

设计师
葛亚曦（LSDcasa）

摄影师
LSDcasa

面积
270m²

主要材料
大理石、棉麻、实木

项目地点
中国，上海

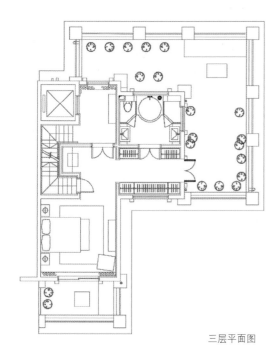

三层平面图

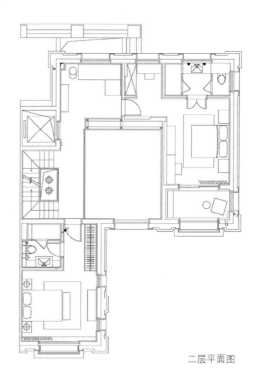

二层平面图

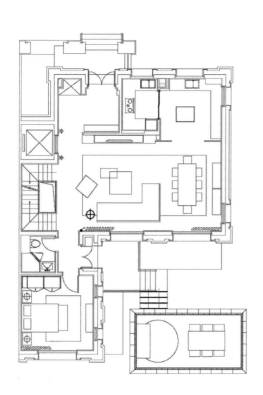

一层平面图

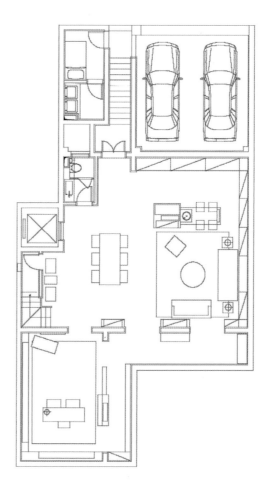

负一层平面图

装饰品陈设

客厅与餐厅，一气呵成，极简示人。餐厅吊灯的形式、材质与空间背景相呼应，铅白色的桃花在玄青花器上显得分外典雅，秋色的漆画在昭示着相近文化背后的绚丽山景。

配合空间，物件主要以亚光釉面和陶面的器皿为主，与之对应的陶瓷器皿与漆器器具，亦是源自中国传统皇宫家具和日本传统漆品的样式体现，而局部点缀商夏青铜古董摆件以增加空间的收藏历史意味。此外，桃花、梅花等传统花艺的介入，在空间延伸了无限的意境，插花的方式更是讲求节奏与韵律感，以"象外之意，景外之象"，"韵外之致，味外之旨"诠释空间的文化精神。

直接而干练的线条，自由放松的尺度，是对应空间最贴切的诠释。茶白的清雅自然、赭石的稳重硬朗、靛蓝的深邃蜿蜒，犹如在山水之间，意境之中。棉麻质感的材质舒适而温婉，编织的茶几是东方印象的细致趣味，加以金属铜色的轻微点缀，让空间在质朴雅致的意境中又分外地提炼出一丝丝的当代气质，不温不燥，不多不少，恰当刚好。

色彩搭配

负一层家庭房与书房相连，空间色调除了深色的木作色之外，以蓝色、墨绿色、灰色为主，用色不多却非常讲究，这些来自大自然的颜色，在表现含蓄的同时，也带来视觉上的一抹清新。私密的卧室沿袭整个空间的清雅与平和，空间色彩之间、形式之内无一不在提示着过去、现在与未来，东方人文的演变与糅合。

苏州水岸
中式秀墅

▶ 新中式风格

设计师
黄书恒、林胤汶（玄武设计）
软装布置：吴嘉苓、张禾蒂、
沈颖

摄影师
王基守

面积
357m²

主要材料
海南黑洞石、希腊白大理石、
蛇纹石、金箔、白橡染棕木皮、
酸洗镜、镀钛黑、白色崖豆木

项目地点
中国，苏州

苏州，一座水色盈溢的古老城市，与意大利威尼斯一样，具有绝佳的水乡风景，与细致的人文风情。春风拂面，细柳垂杨，清淡的城市笔触，总予人无限遐思，而建构于悠久历史上的现代景观，让古今对话成为可能。空间与时间尺度的堂皇交错，铺就了苏州水岸秀墅的底蕴。

玄武设计将《马可波罗东游记》作为故事主轴，以西方探险家与东方大汗的晤面机缘，巧妙转化为中西混搭风格，利用湖水色泽的深浅递变，于家饰的传统线条与硬装的现代材质之间，呈现专属于苏州的柔婉气韵。

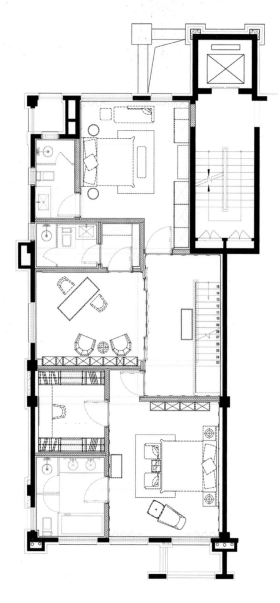

二层平面图

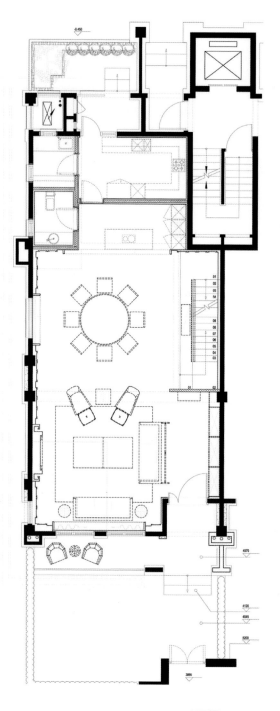

一层平面图

家具设计与材料使用

踏入玄关，取材自知名建筑师莱特 (Frank Lloyd Wright，1867-1959) 的繁复窗花映入眼帘。装饰主义的流利线条，与对口鞋柜的金箔花样遥相呼应，体现东西元素的戏剧张力；几扇鎏金窗花深嵌壁面，为客厅点缀古韵之余，亦成为串联视觉的利器。黄书恒进一步以镜面不锈钢天花的反射效果转化了空间比例，增强大气氛围。为了延伸线条起伏，餐厅以出风口串起内凹天花板，明晰着客、餐厅界线的同时，亦使视觉倍加开阔，显露豪宅气势。

色彩搭配

色彩方面，玄武设计特以湖绿为底，将传统元素（如铜钱纹沙发）与现代工艺紧密结合。透过比例转换——如餐厅壁面长条形，即是模拟竹简质感，呈现古朴的东方韵味，二楼壁板虽为中式比例，侧面却以亮面材质藏匿花俏；或者色彩变奏——如客厅窗帘选用明黄色，转至卧室，便选以不同层次的草绿与黛绿等，于古意盎然的廊室内，体现中西混搭的风情——如马可波罗远渡重洋抵达中国，与忽必烈大汗把酒言欢、相互馈赠的和谐景致。

鼎峰源著别墅

▶ 新中式风格

鼎峰源著别墅位于东莞市南城区五环路边（迎宾公园对面），依临东莞植物园，有独特的自然地理环境，独拥东莞核心城区绝无仅有的"欧洲版"绿色山水资源。按照南中国顶级山水豪宅标准建造，该项目刷新了新东莞的城央山水豪宅标杆。

设计师围绕"资源利用最大化，人性化设计，核心空间，项目建筑与周边景观，室内外过渡空间利用"这几大方面来分析该户型，打造一个注重品位，彰显高品质的四层豪宅。设计师以现代设计手法，简洁而丰富的理念为基础，应运干练利落的色调及追求形式简练的统一，同时注重舒适性，强调设计感。探索对东方元素的吸取与创新，营造一个具有东方文化气息和现代都市并存的空间。

设计师
设计公司：李益中空间设计
设计团队：李益中、范宜华、
熊灿、关观泉、欧雪婷、欧
阳丽珍、叶增辉、张浩、王
群波、高兴武、胡鹏

摄影师
李益中空间设计

面积
500m²

主要材料
欧亚木纹大理石、木地板、
蓝色妖姬大理石、皮革、木
饰面、墙纸、硬包、夹丝玻璃、
清水玉

三层平面图

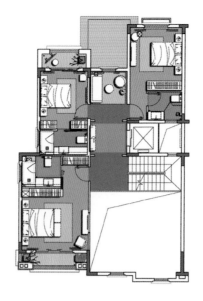

二层平面图

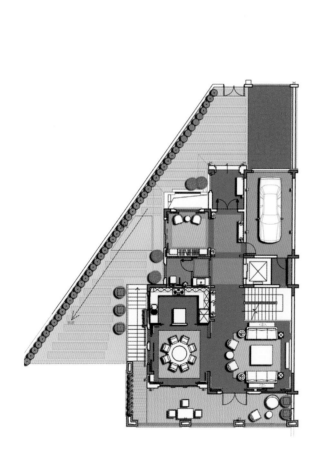

一层平面图

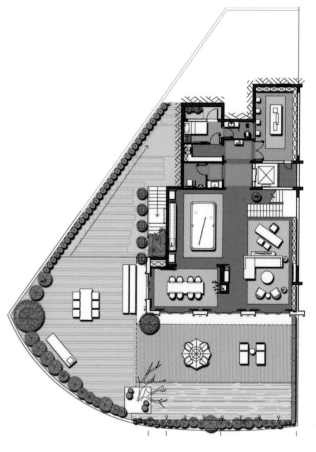

负一层平面图

家具设计与材料使用

在结构设计方面，设计师认为房子的结构就像人的骨架，必须量体裁衣。不同的人有不同的适合自己的穿衣风格；不同的空间也应有与之相对比较适合的风格面貌，因此定位为富有东方韵味的山水豪宅。

设计师在前期设计时考虑到户型方正，空间利用率高。负一层是个相对独立而轻松的空间，因此，设计师将这栋豪宅的负一层设计为家庭厅，包括书画区、酒水吧、斯诺克、茶艺、收藏室、公卫、工人房、洗衣房和储藏间。第一层为门廊、玄关、车库、偏厅、公卫、客厅、餐厅、厨房、过厅、露台和天井；第二层为父母套房、男孩套房、女孩套房、小家庭厅和阳台。第三层则为主人套房、休闲露台、书房和过厅。设计师将露台纳入主卧使用，扩大了主卧的景观面积，同时增添了生活的趣味性。

色彩搭配

在色彩上，整个空间都以淡淡的米白色为主，
在一些配饰中加入了宝石蓝、橘色等亮眼的
颜色。色调干净利落，与简洁的设计理念相
统一。

珠江壹城 A5 区
G10-02 单元别墅

▶ 新中式风格

波光潋滟、绿茵常浓的流溪河畔，静静地坐落在广州市从化北部，它虽然不似珠江般繁华多姿，却自有一种远离城市喧嚣的怡然趣味。壹城壹墅邻近流溪河畔，依山傍水，自然条件十分优越。珠江壹城是珠江地产投资 380 亿元进行连片开发的超级城市综合体，整个项目总规划占地面积约 1.9 万亩。

在此空间塑造中，设计师以现代人的生活方式融入东方气质美学营造意境，并尝试用跳跃的色彩和时尚审美融入具有人文底蕴的简约中式风格之中，生活细节的精到把握，又于共生中见生活美意。

室内空间保留了原有会客厅近 7 米中空，不仅恢宏大气，亦通过隔断将两层空间巧妙连接，使梯间走廊相得益彰。

设计师
彭征、谢泽坤
（广州共生形态设计集团）

摄影师
广州共生形态设计集团

面积
410m²

主要材料
大理石、玫瑰金、玻璃、皮革、
木饰面、墙纸

项目地点
中国，广州

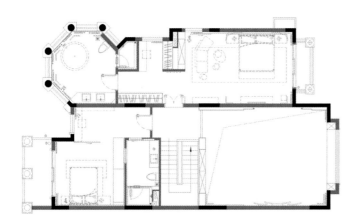

二层平面图

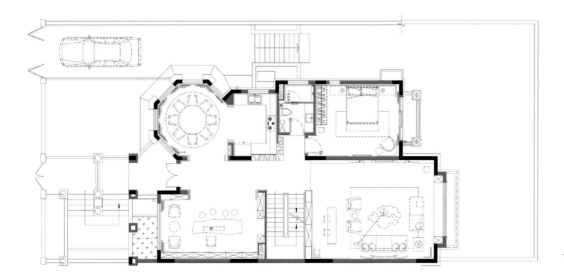

一层平面图

负一层平面图

家具设计与材料使用

餐厅茶室位置遵循国人的生活习俗又结合当代审美升华创作，开放式厨房，与餐厅茶室三位一体。或许可以看到这样一个场景，妻子和朋友在厨房交流烹煮，丈夫和朋友在茶室品茗闲聊，花园里孩童天真无邪的嬉笑玩闹。这不管在空间的表现力还是生活感染力

上，都实现了高度统一。

老人房设于一楼，起居方便；保姆房设有独立卫生间，并连通引入天光的工作间，设计如此人性，使我们仿佛能体会到一家人的其乐融融的感动。由透明玻璃扶手为过渡，并以流线型手法在木饰上面加以装点，在一步一

景的趣味中到达负一层红酒区和健身房。户外花园映入斑驳阳光，惬意流连。超大的 SPA 区设有泡浴和桑拿，玛瑙玉对纹铺贴，尽显奢华。

华发水郡
湿地别墅

▶ 新中式风格

明朝永乐年间，郑和奉明成祖朱棣之命七下西洋，开辟海上丝绸之路，东南亚诸国的异域文化散播中原。原始神秘的热带雨林，奇丽纷繁的岛屿民族文化，木雕佛像、烛火氤氲、香雾缥缈，东南亚蕴藏着禅味的风雅气息令人心生着迷。

珠海华发水郡，省级湿地公园清湖水畔。KKD 以海上丝绸之路为灵感，用设计跨海越洋，将东南亚特色岛屿文明，及精致品位移植到湿地别墅，打造原生态的浪漫居家生活空间，创造一种从浮华走向平实、从喧闹回归宁静的生活方式，让繁忙都市人在绝对放松的家庭氛围里，获得身心的舒缓和释放。

设计师
高文安

摄影师
KKD 推广部

面积
800m²

主要材料
黑色鹅卵石、白色大理石板、
红木、雕花木等

项目地点
中国，珠海

二层平面图

一层平面图

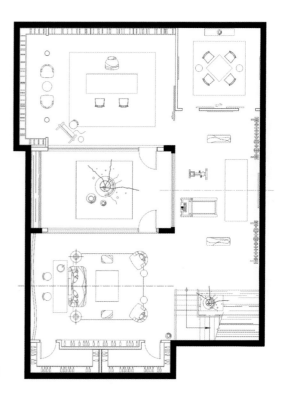

负一层平面图

装饰品陈设

推开红木大门，佛头、木雕、陶罐、编织地毯，看似漫不经心的陈设，东南亚原始感性的风情初露端倪。东南亚风格家居，充满轻松自在的假日情调，客厅以线条简洁、颜色素雅的家具营造清爽舒适的氛围，搭配金身佛像、凤凰鸟雕塑，泰式神圣而感性的特色尽显淋漓。浪漫雅趣的莲台吊灯、木格天花以及融入了中式元素的东南亚特色雕花木家具，每一个细节都值得品味。日照充足的泰乡，原始森林律动的光影充满天然的诗意。

老人房，KKD 团队借用灿烂的阳光与精心设计的灯光，营造出唯美的光影变化。复古的雕花床架，搭配金色的编花地毯，沉稳中显露贵气。客卧，豆绿色的麻质墙纸地毯，荷叶图纹的印染棉被，点缀泰式布艺与铜艺墙面装饰品，穿插现代与古典，清新雅致。客房，原木百叶窗、清凉藤椅、泰丝抱枕、船形脚踏，构成不变的泰乡情怀。置身其中，好似亲临那个有着古老传说的浪漫国度，遥远泰乡的风土人情，清雅、休闲又充满禅味的生活情

趣触手可及。南洋诸国，特别是泰国，其文化受到印度佛教与婆罗门教的渗透，带有浓烈的宗教色彩。楼道吊灯，设计灵感来源于融合佛教盂兰盆会的泰国水灯节，悬挂于木结构镂空天花的球状吊灯，上下起伏错落，似飘飞的天灯，如梦似幻。辅以色彩鲜艳的地毯装点，让木石主题的空间洋溢澎湃的热情与浪漫。顺着楼道拾级而上，登上楼顶天台，墙上挂着的四幅木雕工艺品，像团舞的木叶蝶，述说深秋山林的秋日私语。

家具设计与材料使用

家居设计实质上是对生活的设计，东南亚地处多雨富饶的热带，家居生活最大特点便是崇尚自然，别具的热带雨林风情大行其道。湿地别墅，高文安于窄处着笔，将长不过十步的小巷，设计成黑色鹅卵石与白色大理石板铺就的林荫道，繁茂生长的热带林木间，点缀南亚风情的落地灯，自然、浪漫、漫步其中，呼吸都带着绿意。步入客厅，一整面玻璃景观墙，让简丽的泰式空间沐浴自然光照，窗外芳草依依、绿树成荫，室内与户外真正做到浑然一体。原木构成客厅装饰的灵魂，上至东南亚坡屋顶形式演变的叠级天花，下至镂空结构的折叠屏风、原木地板与桌椅，无一不是东南亚的木作演绎。以自然面的天然大理石砌成的装饰性壁炉，悬挂上泰式佛塔尖顶铜艺品，舒服的视觉感里包含几分原始的虔诚意味，叫人心安。餐厅很好延续了客厅回归自然、追求原汁原味的品位。全景落地窗，园林景观四季变换，秀色可餐。卧室的设计上，高文安倾注了泰国情怀。半开放式空间，深浅交错的色调，带出泰式高雅与稳重。原木家私、泰式雕花背景墙、妩媚纱缦，每一个装饰元素都透出南洋风情，搭配中式手绘屏风，营造出热带气息与现代感兼备的优雅生活空间。东南亚家居，材料的运用上古雅独到，石与木，刚柔并济。书房与品酒区，实木家私，带有浓郁宗教情结的佛头，以及别具特色的地毯、灯具，高贵和民族融为一体的格调，投射出静谧的禅味，以及随性生活的哲理。凭栏远望，湖光潋滟晴方好，山色空蒙雨亦奇，在水天一色波光里，体验临湖而居的诗意风情。

紫悦府
B 户型别墅

▶ 现代欧式风格

设计师
韩松、姚启盛（深圳市
昊泽空间设计有限公司）

摄影师
深圳市昊泽空间设计
有限公司

面积
600m²

主要材料
木饰面、大理石、
石材马赛克

项目地点
中国，洛阳

洛 阳紫悦府别墅是客户精心打造的高端别墅，因此选择了有多年精装样板房设计经验的本案设计师主持设计。设计师选择了以自然、优雅、含蓄、高贵为特点的英伦风作为室内设计的基调，同时也加入了自己的一个梦……本案的设计构思来源于设计师的一个英雄梦，这个世界如果没有理想主义，人生还有什么意义，人们整天抱怨满目物欲横流，却也心安理得地沦陷其中。总是梦想着别人是否会蹦出来成为那个可以粉身碎骨的好好英雄，却从来没想过自己是不是可以成为任性一把的堂吉诃德。

本案为大户型的三层别墅，带有一层地下室。地下室是主人的休闲区，包括一个雪茄吧和一个储酒室。一层为主人的会客区和餐厅。餐厅面积较大，被分隔出了一个上午茶区。二层、三层分别为次卧和主卧。

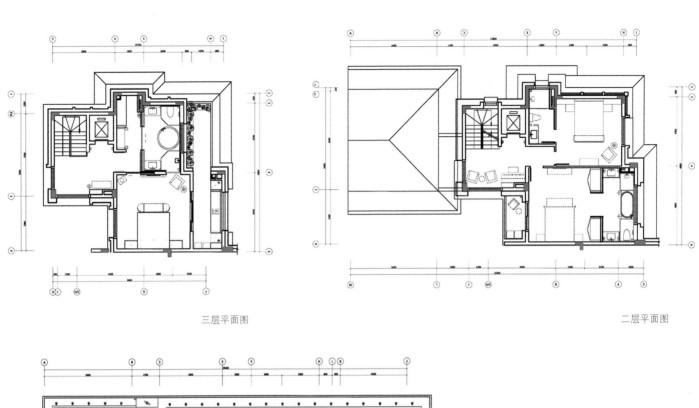

三层平面图

二层平面图

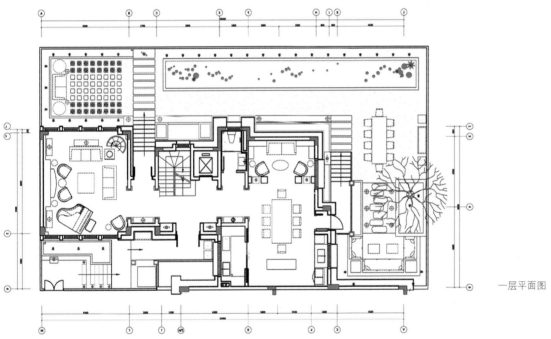

一层平面图

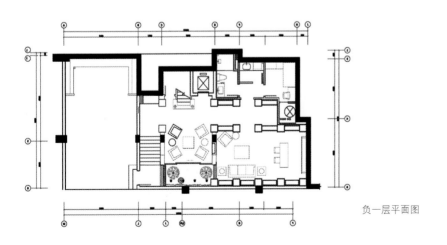

负一层平面图

装饰品陈设

室内设计采用了英伦风格，无论是色调还是
配饰，都有着硬朗的男性气质。马头的装饰
画和雕塑迎合了骑士的主题；各种金属质感的
配饰隐喻着骑士的气质；布艺上多有条纹、米
字这样明显的英伦元素。灯具采用了复古的
造型，给整个空间带来了中世纪风情。

家具设计与材料使用

在家具上，无论是沙发还是餐椅，都采用了　部分房间用实木作为饰面，并搭配壁灯增加
皮质面料，高贵典雅，象征着贵族精神。大　亮度，古典氛围呼之欲出。

南昌国博
联排别墅

▶ 现代欧式风格

- 温暖阳光下的蓝调生活

设计师
张力、赖玉端、司徒友

摄影师
图片由设计师提供

面积
363m²

主要材料
白色人造石、月光灰、秋香
色烤漆板、实木复合地板、
贝壳马赛克等

项目地点
中国，南昌

随着现代社会生活品质的不断提高，空间的意义已经完全超越了现实生活实际物质需求的层面而被要求达到更高的精神诉求层面；人们及设计师关注和考虑更多的是如何让空间跳出具象的物质属性层面达到抽象精神层面，从而使空间更凸显出独特的设计气质与艺术品位。这一次呈现出的是一处优雅沉着、睿智低调且时尚新颖的品位居室空间；项目虽然以明确的欧式风格为基底，然而整体的空间却散发出一种独特的现代艺术魅力；现代平面构成的视觉形式语言被巧妙地融入空间中，让使用者可以在优雅美好的艺术气息中享受温暖阳光下的蓝调生活，体味属于自己的静谧时光。

在最初承接的时候设计师对本案的空间布局进行了调整，根据功能需求和审美需求，调整了空间的布局、衔接、尺度、比例和形状，使空间更加合理和美观。设计师认为设计就是在反映人们的生活状态，不能仅仅用来展示，要解决更多的生活问题。各个空间既是独立的又是相互联系的，在这栋总共四层的别墅里，地上三层和改造后的地下一层泾渭分明：地上属于家人，而地下属于朋友和生意。一层是客餐厅区域，保留了挑空空间，这样客厅既保证了足够的采光，也展示出大空间给人的居住感受。二层是属于家人的私密空间。而地下则是充分考虑了社交需求的私家会所，朋友们可以在这里喝酒聊天谈生意和观影，来去都不会影响家人的休息，对于业主来说，这是一个远比外面更加自由舒服的朋友相聚的空间。

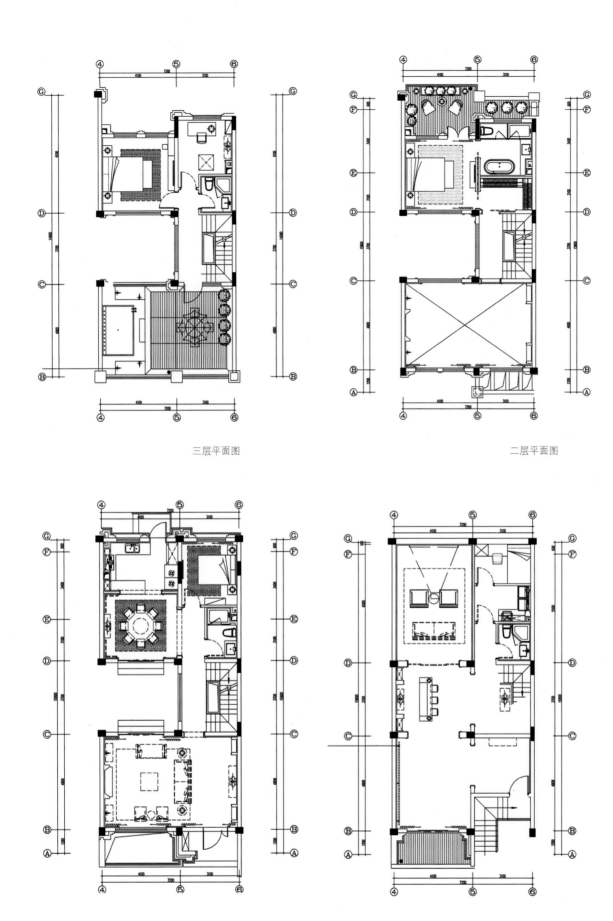

三层平面图

二层平面图

一层平面图

负一层平面图

装饰品陈设

本案软装是由成象设计完成。在原本欧式的硬装基础上，融入了现代的元素，让原本单调的空间一下子跳跃了起来。这正符合本案的设计主题，有着深厚的文化气息，却又不拘一格的风格：雅痞风。如果说硬装是一个人的身体，那么软装就是一个人的灵魂，两者相互融合、相互碰撞。本案最满意的是在整体欧式基调之上，纳入了现代艺术，带来唯美的视觉冲击感的同时也带来了活泼、温馨的居家气氛。

鸭子、兔子或者是猩猩先生的挂画来自西班牙设计师亚戈（Yago），以趣味性艺术化的形式营造放松灵动的氛围。作为空间的点睛之笔，为空间带来了特殊的居家气氛。在强烈的欧式风中设计师纳入了现代艺术，带来唯美的视觉冲击感。环境随着摆饰不同，会有不同的心情，散发出新的爱情能量，新的活力，不管是挂画还是窗帘，或者是花瓶，任何一个摆件都会透露出主人对生活的热情。作为海外归来的成功人士，业主有着独特的审美

和强烈的文化气息，他们希望将海外文化带回家里的同时能感受到现代风格带来的精神碰撞。人们最直观的感受不是触觉，不是嗅觉，而是视觉。客厅景深极佳的建筑挂画，抓住了空间的中心，在拉伸空间的纵深感的同时也是艺术的交会。

色彩搭配

本案的所有软装陈设都来自成象的定制设计。
蓝色非常纯净，通常让人联想到海洋、天空、
水、宇宙。蓝色表现出一种美丽、冷静、理
智与宽广，它有着勇气、永不言弃的含义。
灰色调能给空间带来平静、稳重、和谐的感
觉，也适用于对生活的一种态度。两者碰撞
下，产生的是对生活的一种热情和向往。内敛、
低调的灰色被大胆运用作为大面积的背景底
色，并辅以净透、跳跃的蓝色为点缀，营造
出一种明快、简约的空间感受；总体氛围融入
了时尚、舒适内敛的设计元素，突出居者的
沉着硬朗、睿智深刻的生活阅历及艺术品位，
展现出空间的立体感受和特有的文化品位，
同时也提高了空间使用者对生活品质及舒适
居所的完美追求。

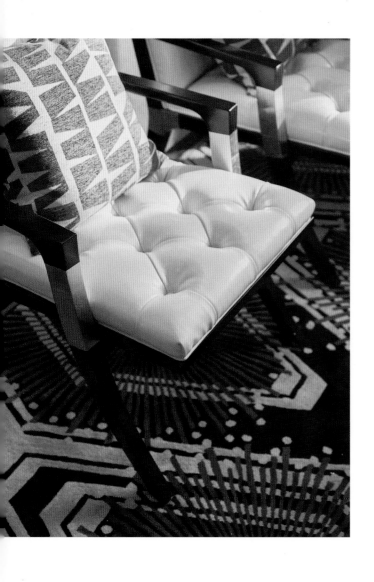

成都中海国际
社区峰墅

▶ 现代欧式风格

因为人性的复杂与多变，每个人每个时期对家的理解都不相同。但在所有的变化中，有一点是恒定的，那便是对爱与美的追求与期许。投射到家宅里，可以统称为对"幸福感"的诉求。"幸福"是一种只可意会的心理感受，对私宅设计来说，它并不依赖于高调的造型与花哨的装饰，设计师必须透过空间的表象去关注生活的本质，人性的关怀，才可抵达。

在这套 400 平方米联排别墅的设计里，感觉是收敛的。总体"收敛"的设计手法背后是设计师对空间调性的把控，逻辑的梳理，情感的提炼，真正还空间以本质，赋予生活幸福的意义。

相对均质的空间格局，是心理舒适的另一要点：大、空则失衡；小、满则拘谨。因此，设计师通过对空间的重新分配与归纳，配合色彩、陈设的处理引发视觉变化，让每一个小空间尽可能的匀称而方正，气韵贯通，动线流畅。

餐厅区域有较为明显的缺憾，上方挑空直达屋顶，但距窗户较远，自然采光较差，人如坐深井。然而，通过后期改造，这里反而成为全案一个亮点之处：设计师将餐厅上方两个卧室的墙面各开两扇窗户，让空气流动，光线通透，同时弥补了呼吸与采光的劣势。更重要的是，同时对开的两扇窗户间呈相互顾盼之势，并与二楼走道，楼下公共空间互为呼应，成为空间中情感联系最好的落脚点。这种联系又因带着某种小小的遮蔽与阻碍，并不显直白和唐突，有一种东方式含蓄美学的韵味，不着痕迹地令人玩味和依恋。

设计师
谢辉、左丽萍、石露（ACE
谢辉室内定制设计服务机构）

摄影师
李恒

面积
400m²

主要材料
仿古砖，壁纸，涂料，
灰色木

项目地点
中国，成都

三层平面图

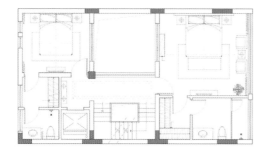

二层平面图

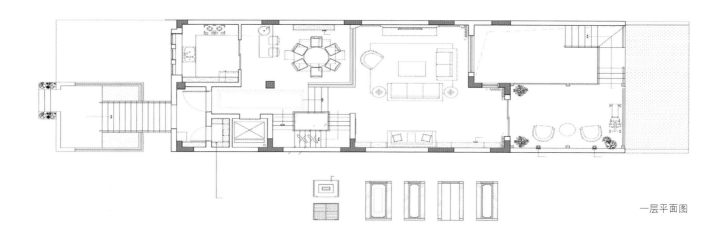

一层平面图

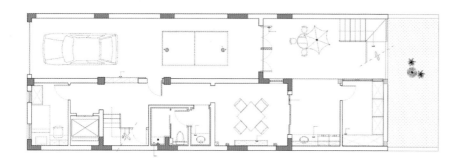

负一层平面图

装饰品陈设

客厅的笔墨最为浓重,多样性陈设让直白的大空间充盈而从容。从 Loft 风演化而来的箱式茶几,带有古典意式特征的棉麻沙发,新古典主义形式的座椅等家具并置,去除个性化特征,使空间呈现出极大的包容性,令来者充分感受到主随客便的亲切与善意。

主卧沉静简美,一侧小露台被设计师纳入其中,让空间更为开阔平稳。形式上只保留基础陈设,体现出自我、私密的态度。

儿童房的设计一般包含两个维度,一种关注其成长与生长,另一种关注其今后所处的阶层及性别特征。我们在该儿童房的处理中,

明显采用了前者。空间里无明显的符号特征指向,有一种中性的克制,在时间流淌中,任其自然生长。这正是我们在这个案例中的设计思维方法。

色彩搭配

色彩，决定了空间的调性和灵魂。在所有色彩中，中性色是最为柔和的视觉感知色调，节制中饱含亲切感。因此，设计师在空间中大面积使用了以米白、浅灰为主的中性色调，同时搭配少许金色配饰、绿植提亮点缀，于温润中平添了骨力与温度。在这样的空间里，哪怕只是静静蜷缩于沙发靠椅，任由日光温存，微风抚触，时光也即刻变得美妙而情深。这样的温情从客厅一直延伸至各功能空间，调性统一，浑然一体。在共性下，设计师又为独立空间加入浅绿、淡粉、浅黄或不同图案纹饰，以区分不同的个性特征，或灵动或雅致，始终保持了高度的呼应度与一致性，体现出设计师极强的色彩把控与归纳能力。

贵州私宅
GI10

▶ 现代欧式风格

设计师
黄书恒、欧阳毅、陈佑如、张铧文（台北玄武设计）

摄影师
赵志诚

面积
640m²

主要材料
银狐、黑白根、镜面不锈钢、黑蕾丝木皮、银箔、金箔、进口拼花马赛克、黑白色钢烤

项目地点
中国，贵阳

设计之先，设计师除了解房主的基本需求外，言谈间也渐渐了解这个家庭的经历——子女早期过着颠沛流离的生活，后来因缘际会有所成就，但生活仍然有着不如意的地方，尤其人与人之间的离别。踏入垂暮之年，子女经历种种后，发现亲情才是最可贵的，于是决定与母亲再次相聚，回到小时候生活的模样。这个故事深深打动了黄书恒先生，也进一步刺激他的创作灵感。

对本案设计师来说，物质的享受是一时的，唯有心灵的丰裕，及懂得如何享受生活，才能得到永恒的幸福。他总是有着一份工作的抱负，希望能够借着每一个不同的作品，为房主量身定制出独一无二的专属空间，把空间的核心灵魂淬炼其中，以传递一种幸福的正能量。

美是外在与内在的复合体，房子除了具备外在的美感，也该有自我的生命灵魂。本案中，设计师为房主量身打造高端豪邸，不只运用了丰富多样的设计语汇，也全面考虑房主在生活功能的需求。但最撼动人心的，是他在客厅为这个家庭量身定制的大型机械互动艺术。

这栋专属豪邸共有两个玄关，外玄关以深黑呈现，内玄关则以截然不同的白色区分。这套二元对比的逻辑贯彻整栋豪邸，各区深浅、大小、高低相间，仿佛是中国玄学中的阴阳理论，传递互补共生的能量。为凸显公共与私人区域，除以深浅区分，也特别为每个成员规划各自的私人领域。在房主的私人空间中，主卧房、书房、更衣室、卫浴以洄游式动线呈现，之间没有封闭的门，仿佛自成一个独立的家。对黄书恒先生来说，设计的原则是以人为本，透过注入幸福符码，提供幸福生活的蓝图。为方便照顾家中长者，在空间规划上，孝亲房与子女的私人领域相邻。

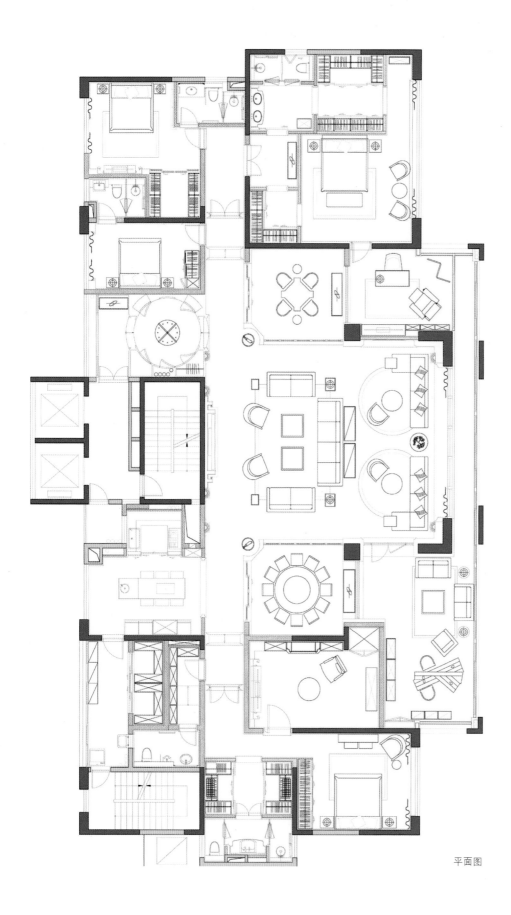

平面图

装饰品陈设

外玄关立着一座灵动活泼的雕塑艺术品，象征这栋充满生命力的豪邸。缓入内玄关，视野由浅入深，豁然开朗，挑高水晶吊灯的色彩变化，带来极具戏剧张力的视觉震撼。

因应房主对欧式古典的喜好，客厅以黑、白、银为主调，再以丰富色彩制造视觉焦点，用色比例掌握于内敛与狂放间，达到大气而不奢侈，华丽而不庸俗。客厅有前后两组，前区用以宴请宾客，艳紫花卉图腾地毯搭配优雅白色定制沙发，彰显堂皇气势，后区设定为小组形式，整体形成一个个不同的部落，因应场合而变化使用。

有别于为客户挑选艺术品的工序，设计师以多年对机械与互动装置的研究，与台湾知名艺术家席时斌先生跨界合作，创作出客厅天花的大型机械艺术装置。

装置的外观取材自苗族银饰，化用鸢尾花的意象，曲折艳丽的花饰包覆核心，间隙镶嵌彩色琉璃。装置启动时，凤翎羽饰的大型银环会环绕着核心缓缓旋转，银环上的花卉也会随之转动，如同行星与恒星的绕行法则，借此比喻子女与母亲的关系，虽然或远或近，却总是因着万有引力，最终回到母亲的身边，永不分离。

在主卧室中，简练的长形线板从天花延伸至床背壁面，与紫金地毯上的花卉图腾相映成趣，两侧的水晶吊灯散发钻石般的闪烁光芒，增添主人的高雅贵气。

同时，因应安全考虑，卧室与浴室上都安装了扶手，浴室更特别设有防滑地板及淋浴座椅，预防意外发生。空间大小也经过适度调整，既方便进出，也不失大雅之堂的气派。

因应房主家人尤好东方文化艺术，书房的设计特意表现出东方的文人风雅。主卧室的爱马士定制手工壁纸，传递着一种淡泊明志、宁静致远的精神内涵。

家具设计与材料使用

起居室与客厅有着截然不同的个性，洗练利落的线条，勾画出现代清雅的新古典风格，简单而含蓄的空间，传递生活中不可或缺的"静"。房主可于此室沉下心思，呷一口热茶，远眺窗外风景，仿佛坐拥一室，即能拥纳天地。餐厅铺设类似棋盘的六角形图案地板，缀以少量金黄，椅背刻画细致，尽显现代巴洛克简繁分明的特色；同样，棋牌室以单一色调，于精致细腻的金银交错间，流露低调奢华的韵味。

除了主卧房、书房、更衣室、卫浴外，在房主的私人领域更设有雪茄馆。此馆以古典皇室地窖的神秘氛围，打造清静放松的心灵空间，虽名为雪茄馆，提供品尝雪茄的最佳氛围，但同时也是一个影院隔音等级的视听室，提供五感娱乐享受。

苍海一墅

现代欧式风格

本案位于清新恬静的古城大理，冬日暖阳，甜点搭配日光，坐在户外座席，看着飞鸟白云。光是这样呆呆地望着心情就会很好。隐隐约约可以看到不远处的炊烟和昨日泛舟的洱海。这样的空间纵享大理的所有，没有观光客的叨扰，能让人静静品味。

得天独厚的地理位置赋予了这座别墅独特的气质，室内也理所当然地选择了度假风格。苍山洱海边的一处诗意的居所，名副其实的"苍海一墅"。设计师将设计的主题定为"理想的靠近，静静的生活"。理想是静静的生活，静静的生活才能更接近理想，两者互为共生，仿佛也只有这迷人的大理才配得上这样诗意的生活。

策划一个理想的下午，与悠闲一起散步。逛逛当地的菜市场，亲自为亲人或者朋友，挑选食材，准备丰盛的一餐。可以发现生活中难以发现的想象世界，酝酿出许多鲜活的灵感，让创意能量不断累积。

设计师
庞一飞、袁毅、张婧 夏婷婷
（重庆品辰设计）

摄影师
重庆品辰设计

面积
180m²

主要材料
做旧实木地板、硅藻泥、水
曲柳木饰面、爱情海灰石材、
麻布布艺

项目地点
中国，大理

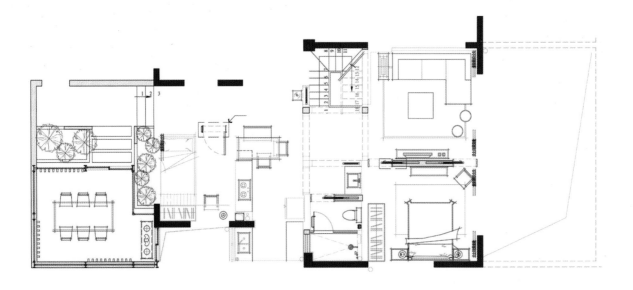

一层平面图

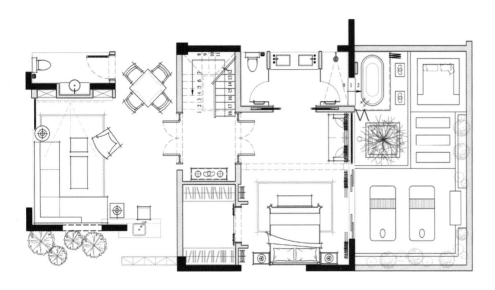

负一层平面图

装饰品陈设

定制的波斯地毯，羊皮手工灯，室内的暖色光线，让人想窝在室内。做旧实木地板、水曲柳木饰面、麻布布艺让室内充满了旧时光的气息。作为多次来到大理的业主，期望值不断提升，新鲜感逐渐消退，室内也要吸收些许与众不同。区域的纯粹、质朴及丰富的老时光生活感会让居住者回味十数年。

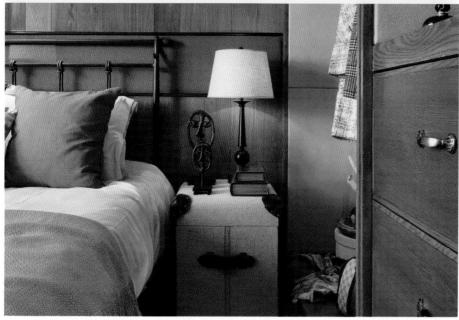

家具设计与材料使用

项目是三室三厅三卫的户型。一层分布着客厅、客卧、儿童房和厨房。地下一层是主卧室和娱乐区，主卧室带有宽敞的衣帽间。这也是整个空间中的一个亮点。地下一层一反阴暗潮湿的常态，被设计成主人的房间。设计师特意将地下室的空间关系重新梳理，目的是让可以看见的柔和日光渗入室内。

深圳招华曦城
别墅

- "少即是多" 的优雅哲学

▶ 现代欧式风格

设计师
戴勇室内设计师事务所

摄影师
陈维忠

面积
810m²

主要材料
乔布斯云石、白沙米黄云石、
仿石砖、胡桃木实木地板、
乳胶漆、科勒洁具、名家品
牌橱柜、BOSS 音响等

项目地点
中国，深圳

项目流动平面是极简设计手法，会让人想起现代主义建筑大师 Ludwig Mies Van der Rohe(密斯·凡·德·罗) 的设计哲学：少即是多。当下许多设计师一边为讨好土豪风格而设计，一边悲催自己的身不由己，这样的存在状况也许可以从密斯的设计经历中找到安慰及指引。早在 20 世纪 30 年代初，密斯也身处一个土豪设计风暴蔓延的社会环境，当时社会上新兴的富裕阶层想表现富丽堂皇只能从过去的样式中去探求，大多数的豪华住宅都故意模仿凡尔赛宫、18 世纪的"施洛斯城堡"或是都铎王朝和乔治王时代的乡村住宅，他们的设计目标并不是美学上的精炼，只是隐晦的与拥有地产的绅士、权利感以及社会优越感联系起来。但密斯以"少即是多"的设计哲学为一对夫妇设计了一座雅致的现代宫殿，重新定义了奢华的标准，不仅改变了以前贵族们赖以生存的美学，也证明了富裕不仅仅拥有当代的面孔，甚至也可以预示未来。"少即是多"是否也会变成戴勇设计的新标签？戴勇这样表达戴勇之家的设计："设计家的过程中可以说是一个慢慢认识自我的过程，了解自我的需求，了解自己到底需要什么，到底喜欢什么。经过多方面的筛选，慢慢喜欢的东西就渐渐清晰，最终选择了中西融合，希望完成后的家是朴素的、精致的、优雅的、尊贵的。""优雅是得体而精致的外表，丰富而强大的内心；优雅是柔而不娇、坚而不厉的品性气质；优雅是积极乐观、从容淡定的生活态度。"这段话很好地阐述了优雅的概念。

别墅室内使用面积为 580 平方米，花园及阳台面积共计 230 平方米。室内空间大气方正，功能合理完善，共有六个豪华洗手间和五间卧室，除了宽敞独立的会客厅及西餐厅外，配置了家庭厅、家庭阅读室、桌球室、健身区、酒吧及多功能活动室。精心设计的花园由专业园林公司规划绿植，悉心栽种的鸡蛋花、桂花树、玉兰、勒杜鹃等植物生机盎然，一层花园更设有篮球练习区。

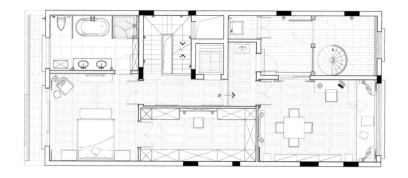

三层平面图

二层平面图

一层平面图

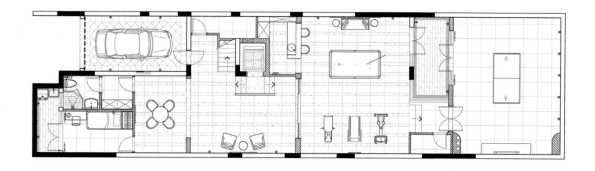

地下室平面图

装饰品陈设

在简洁舒适的空间，到处都可以看到各种款
式的烛台，素雅的花艺，以及关于艺术、时尚、
建筑、文学的书籍。

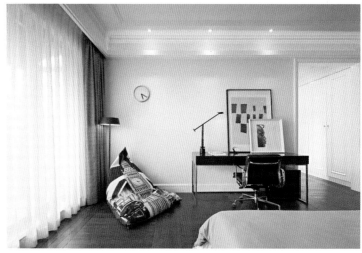

家具设计与材料使用

室内设计以欧洲家居化风格为主调，体现出优雅的尊贵气质。主要墙面，如壁炉墙面、电视墙面、床头背景用传统的白色线框护墙板，木作施工时全部选用优质环保板材及油漆。项目团队考虑到南方潮湿，放弃了最初墙面贴墙纸的想法，改为环保乳胶漆。大面积是非常浅的灰色乳胶漆，运动活动区为冷灰色乳胶漆，书房为暗灰绿色乳胶漆，儿童房为蓝色乳胶漆。通过色彩定义不同空间的气氛。在整体的白色基调下，地面选择了米色的仿石砖，质感更接近石材，且易于保养。卧室选择的紫檀色的全实木地板，鲜明的深浅色对比让室内显得时尚鲜明。天花用简洁的石膏线条修饰。室内大部分的家具选择简洁新古典款式，用美国黑胡桃实木及酸枝木

皮制作，点缀了珍贵大红酸枝明式家具，如案几、南宫椅、禅椅及茶桌，少量点缀的中式家具给室内带来淡淡的人文气息。儿童房托马斯造型床在香港市场采购，其余均来自宜家家居。戴勇说："我喜欢阅读，我设计的空间基本上都希望给人一种安静的感觉，适合去阅读和休息，能多时间去多阅读是一件美好的事情。"的确如此，在家里到处看看，一层宽敞明亮的会客厅，1400毫米×1400毫米的大咖啡几上堆满了书籍画册，餐厅的吧台上也放着书籍，二层的家庭厅满墙的书柜，同样，小孩房里书架也是不可缺少的家具。三层的书房更是功能齐全，又是满墙的书架，中式的茶座，窗前宽大的沙发，让人可以在这里舒舒服服地待上一整天。

色彩搭配

戴勇把自己的家打造成中西融合的纯白色调，这跟人们印象中那个坚持"中国式优雅"的戴勇设计发生了碰撞。

将宽敞平面推向极致，拒绝鲜艳悦目的颜色，他要让自己的家一望无际，不容任何隐藏与堆积，用极简的线条表达他对秩序与节制的设计理解，用大面积的纯白表达他对纯净世界的向往。这样的表达手法与他隐藏个人感

受的能力相矛盾，他似乎更应该运用黑与白的对比，但他选用了纯白，然后根据家居的功能性增添了一点点的冷灰、一点点的灰绿、再一点点的矢车菊蓝。

郑州林溪湾
别墅

▶ 现代欧式风格

设计师不可能永远只做自己得心应手的好项目，作为中国室内设计名宿，高文安喜欢挑别人觉得棘手、不愿意做的项目。小户型的林溪湾样板别墅，是联排别墅中最不好做的中间户型，做不好会砸招牌，但高文安设计有限公司最终呈现的设计效果却让人不禁喝彩。

郑州林溪湾样板别墅，是新兴置业打造的高端生活馆展示项目，加拿大 ADS 建筑规划公司抄刀建筑设计，香港贝尔高林负责景观营造，高文安设计有限公司担纲室内设计，以代表现代都市品位生活的大都会风格演绎轻奢概念，用对生活细节的极致把控提升建筑的居住价值。入住林溪湾，生活大可以更"轻奢"一点。

设计师
深圳高文安设计有限公司

摄影师
KKD 推广部

面积
330m²

主要材料
客厅吧台（黑海玉），客厅墙面（茶镜钢、锈镜），木饰面（橡木染色仿古），主人卫生间（条纹白玉）

项目地点
中国，郑州

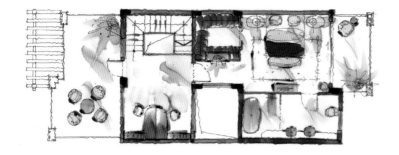

三层平面图

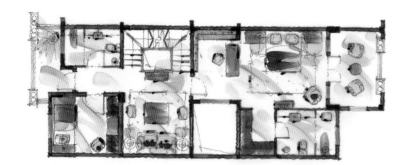

二层平面图

一层平面图

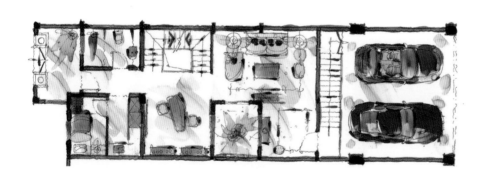

负一层平面图

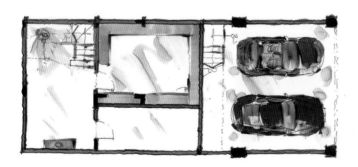

负二层平面图

装饰品陈设

一层客餐厅，浅色调家居赋予良好的空间感与清新视觉，大块面玻璃与金属镜面的运用，打破原空间结构的隔阂。客厅、餐厅、厨房、采光井通透一体；色彩鲜明的国际范儿家私、摆件、挂件以及黑海玉、条纹玉等名贵石材的点缀让室内环境富有质感，呈现值得品味的生活细节。

主卧体现时尚品位的水晶灯、浅色调精品家私，前卫新潮的亮面金属工艺品，搭配大容积衣帽间，养尊处优的居家格调得以彰显。

林溪湾别墅是地上三层、地下二层的建筑结构，璀璨的水晶柱体吊灯，让楼梯间成为沟通上下五个楼层的艺术脉络，从三楼书房到底层休闲厅，像漫步在时间与历史的长河中。

浸润了人文气韵的生活空间，每个细节都是高雅的注解。

家具设计与材料使用

二层儿童房的设计融入了飞行的主题，设计师用标识性的设计手法演绎手绘与实木螺旋桨虚实结合的主题墙，这是对经典童话《小王子》的致敬，也是对充满了冒险幻想的童年的回归。一体式衣柜与书桌节省空间；靠窗的榻榻米，成全孩子对蓝天与星空的渴望。

晚年，是所有人都必须面对的人生命题，二层老人房中，无障碍设计的书房、卧室、休闲阳台，构成一个小型生活圈，即使足不出户，也能安详生活的静谧。人至老年，最昂贵的绝不是物质，而是时间。把自己宝贵的时间放在这样一个地方度过，应是最暖心的选择。

三层主卧，进门做了"偷"空间的设计，内凹的玻璃墙面，让原本拘束的空间有了更舒服的视觉延伸。

三楼的书房外还有一个私密的家庭露台，纯白的编织软椅很有度假情调，适合闲聊和精神放松。在无人打扰的静夜，点上蜡烛更有几分浪漫情怀。在最接近天空的地方，所有的烦恼都可以抛弃，生活露出可爱的一面。亚克力与原木结合，是粗糙与细致的对比，也是一体两面的原始与摩登甚至有关于东方基因的空间表达。设计师更多地探讨了空间文化内核的延伸与多元。

色彩搭配

为了彰显大都会充满香艳气息的亮丽内涵，素雅的空间背景下，门厅、休闲厅、酒窖的设计更注重色彩元素的穿插与混搭，呈现不拘泥于一桌一椅，随心所欲的生活方式。葵黄、橘黄、海蓝、酒红，充满活力的色彩像欲望与梦想交织的梦境，点燃内心的幻想与激情。素雅而温暖的装饰色调，营造温馨舒适的休息环境，给老人每一夜的舒心好眠。地毯以呼应色点亮整体空间，设计语言的呈现不多不少，内心的绚烂是酒后的万花筒。

谷仓
别墅

▶ 现代简约风格

设计师
黄士华、孟羿彣、袁筱媛
（隐巷设计顾问有限公司）

摄影师
岑修贤

面积
780m²

主要材料
1F
意大利1500×3000mm石纹板、
意大利石纹地砖、白色烤漆、
透光岩石板、镀钛不锈钢、
绷布硬包、白色人造石、日
本 Clean up 厨具

2F
梧桐木、白色人造石、窄板
50mm 厚 25mm 胡桃木地板、
羊皮革漆、马来漆、岩石片、
青砖、牛皮、黑色镀钛不锈
钢、拉丝不锈钢 5mm、灰色
烤漆玻璃、意大利木纹砖、
意大利混凝土砖

3F
橡胶地板、浮动强化地板、
5mm 明镜、拉丝不锈钢、黑
板漆、水泥涂料漆、白色烤漆、
浅褐色烤漆、宽版胡桃木地
板

项目地点
中国，台湾

运动员出身的 80 后业主，喜欢电影、音乐，热爱运动和竞技。业主早前生活在加拿大的温哥华，后期归国定居桃园。建筑承袭北美风格，不过分强调住宅的豪华感或是复杂的造型，融入景观并呈现质感的生活风格。绵密舒适的景观围绕着建筑，美式简约的窗框线角与屋檐柔和了粗犷，位于东南角的跌水池乘着自然涌入的山泉水，源源不绝的泉水形成小型的自然生态圈，河鱼、水草形成自然循环，所有的设计都与生活相关。

二楼为客厅、书房和主卧。主卧室承接着客厅的想法，是休息的区域，没有过多的造型与光线干扰；主卧浴室是另一个生活重心空间，偌大的空间包含了双人淋浴间兼具蒸气室、双人浴缸与双人脸盆，粗犷中的细节是空间中的主轴。

在三楼，媲美五星级的专业健身房，从建筑结构就开始规划，强化地面承载能力，借由结构规划将受力传导至外侧，设置了重训区、综合训练区、练舞区与客房。

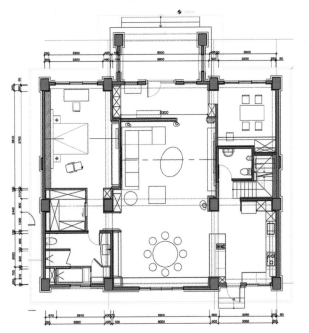

三层平面图

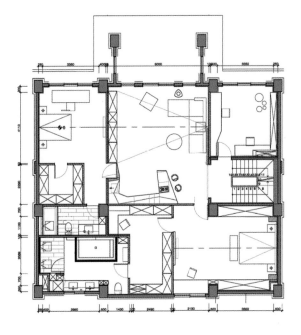

二层平面图

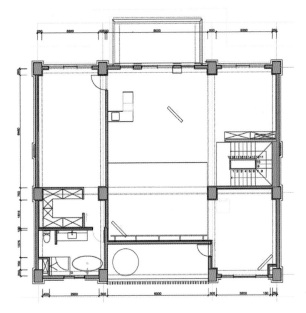

一层平面图

装饰品陈设

整体建筑内部各个空间设置了通风管道，以
两面斜屋顶作为换气转换层，利用废气（热
空间）上升的烟囱效应，搭配新风系统让建
筑能自我调节室内温度，自我呼吸；一楼空间
延续建筑的风格，简约美式的生活居家感，
偌大的玄关墙保留住户的隐私空间，以艺术
品欢迎朋友的到访；二楼从丹麦设计生产的独
立壁炉，乘载着房主在温哥华生活的记忆。

自然原始生活的概念不仅是粗犷能概括而论，
应该是在其中寻找细节的平衡，进入客厅前
映入眼帘的是一扇谷仓拉门，与外侧包覆的
几何造型形成强烈的冲击对比，从此进入了
谷仓客厅，设计沿着生活状态进行，客厅为
LOUNGE 概念，没有明确的电视墙或是家具摆
设方式，随性也随意的感受。

家具设计与材料使用

建筑以80毫米凿面石头搭配荔枝面石头呈现出建筑的宏伟感受，以台湾特产的黑橡木树为景观的重心。

二楼的谷仓门、青砖与处理过的梧桐木形成强烈的风格。吧台区延续着几何造型做法，原木色与旧木头的对比，形成很舒适的生活感。吧台功能兼具朋友聚会与家庭使用功能。独立壁炉启用深色岩石墙面呼应旧青砖的肌理与质感，设计师借由青砖刻意不填缝

的做法与梧桐木的处理，让空间没有新装修的感觉，将时间的痕迹停留，分不清新与旧。PANODOMO地面的羽毛纹理与光泽，使水泥产生了层次与感觉。足够分量的主卧床头采用染色牛皮软包造型，稳定了睡眠质量；两侧的原木使空间充满人性的温润感，羊皮革漆的天花与水泥状的马来漆在粗犷中增添细节。更衣间由真皮与镀钛不锈钢打造，刻意抬高地面避免湿气。主卧浴室的钻石型浴缸考虑

了温度保持与快速排水机制，洗手台使用5毫米拉丝不锈钢与墙面混凝土砖搭配。三楼整体以近年流行混搭风打造。铁灰色3+2的橡胶地板能承受至少300千克的冲击。不锈钢打造的吧台，冲孔门板除了散热也是具运动元素；墙面以大面积的明镜搭配不锈钢处理，原始天花板以水泥涂料漆处理。

色彩搭配

二楼书房兼具练鼓房功能，融入摇滚概念。金属搭配真皮与深色系的空间，并考虑了隔音、吸音、降噪的功能。客房为强烈色彩的美式简约风格，深紫色对比白色。床头与床尾的染色真皮软包增加空间中的浪漫感；白色梦幻独立更衣间与极具设计感浴室，打造出生活感。三楼客房为简单美式风格，暖色系的房间与卫浴空间强调生活氛围。

城市山谷
别墅

▶ 现代简约风格

作为日益稀缺的别墅资源，本案针对莞深目标客户打造小户型联排别墅，项目位于广东东莞与深圳交界的清溪镇。清溪拥有得天独厚的山水资源，是一个鲜花盛开的地方。设计以"阳光下的慢生活"为主题，希望将项目的地理位置、建筑户型等优点通过样板房淋漓展现。

厌倦了都市的繁华与喧嚣后，需要一份简单与宁静。设计摒弃了复杂的装饰、夸张的尺度以及艳丽的色彩，沉淀下宜人的尺度、明快的色调以及材质典雅的质感和空间中能容纳想象与可能性的"留白"。在城市山谷的午后时光，风夹带着阳光和泥土的芬芳扑面而来……

设计师
彭征、陈泳夏、李永华
（广州共生形态设计集团）

摄影师
广州共生形态设计集团

面积
320m²

主要材料
大理石、实木地板、烤漆板、
硬包、不锈钢、墙纸

项目地点
中国，东莞

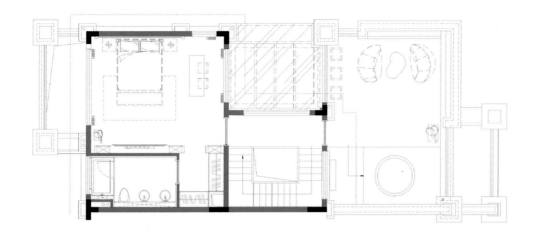

三层平面图

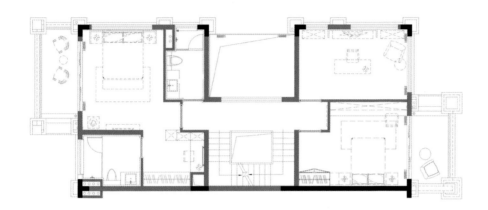

二层平面图

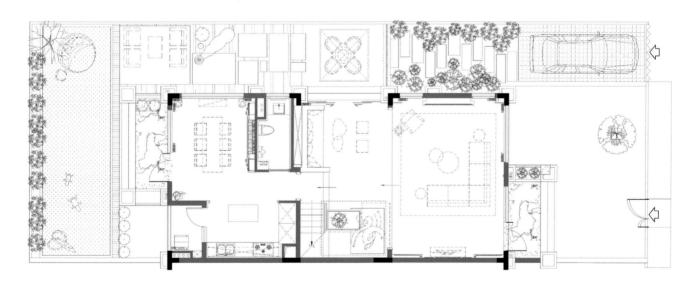

一层平面图

装饰品陈设

别墅一层的起居空间简单利落。一层的起居空间充分沐浴着明媚的阳光，室内外的空间通过生活场景的设置有效交互。室内向室外扩建的阳光房，成为传统功能的客厅与餐厅之间个性化起居生活的重要场所。白色的沙发和窗帘勾勒出淡雅的线条，点缀其中的黑色真皮座椅使整个空间活跃了起来。不规则

茶几上的小摆件又在细微之处为空间增添了几分韵味。柔和的阳光洒在客厅当中，恰如其分地诠释了设计的主题：阳光下的慢生活。餐厅区域同样拥有自然的光线，相对于客厅的淡雅柔和，白色的陈列酒柜，黑色桌面的餐桌让这个空间更具时尚感。

主卧和主卫的设计延续了客厅的淡雅风格，

简单舒适的床品，明亮干爽的卫浴，时尚和舒适化解了都市的紧张和压迫，满足了居住需要的同时，也是视觉的放松。顶层的主卧不仅设有独立衣帽间、迷你水吧台，还拥有能享受日光的屋顶平台与按摩浴缸。

鸿威海怡湾畔

▶ 现代简约风格

如果将整个居室的室内设计比喻成一部耐人寻味的电影的话，那么家居设计就是这电影中时时出现在关键时刻的电影配乐，或者说插曲。电影插曲总在最打动人心的时刻出现，有着画龙点睛的作用。家居饰品也一样，硬装点染居室的风格，烘托居室的格调；软装则平衡居室的色彩、图案、明暗、大小等多方关系，带来舒适度和奢华感，令人愉悦。

简约设计并不代表着简单简朴，当它邂逅奢华感的时候，其所诠释的核心意义是用低调的方式去表达奢华，所有的华丽都藏在细节之中，它往往比古典风格更具备内涵和韵味，值得细细品尝。因此在设计上，经典的简约元素和奢华的色调、材质被完美地结合起来，用理性而睿智的态度演绎居住者追求高品质而又崇尚简洁低调的生活态度。

设计师
朱俊翔（维塔空间设计）

面积
160m²

主要材料
玫瑰金不锈钢、大理石瓷砖、皮革、黄影木、墙布

项目地点
中国，深圳

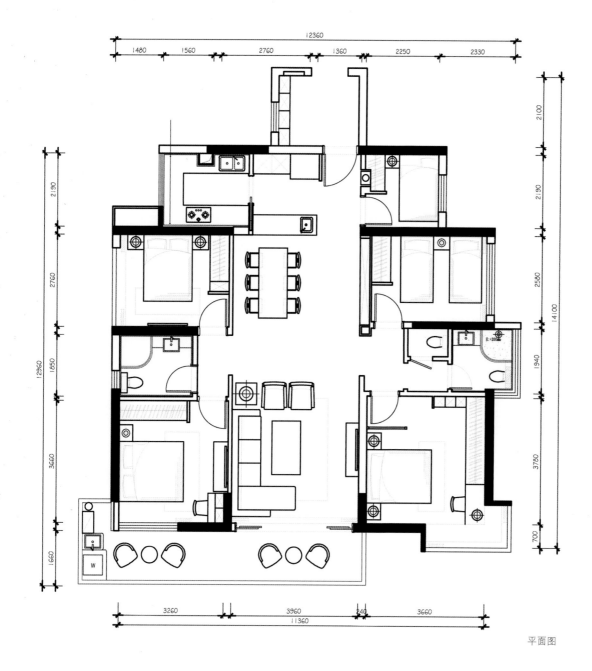

平面图

装饰品陈设

主次卧室都以米色调为主，墙面硬包造型与
精心挑选的墙纸，搭配温暖的床品与精致的
饰物，再加上柔和的灯光氛围，舒适温馨。
女儿房整体粉色的墙面，华丽的床幔与浪漫

镶珠造型的公主床，无处不细节的家具搭配
各种童趣的玩偶，营造出一个充满浪漫氛围
的粉色公主世界。

家具设计与材料使用

推开门的玄关处设计了一个独特的壁龛，放置金属艺术品，起到空间引景作用。酒柜与电视背景墙采用相同元素，处理相当简洁而富品位。

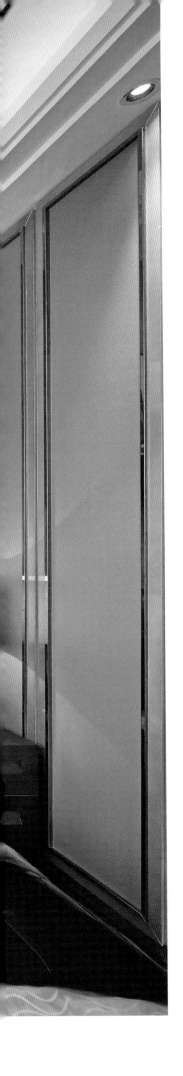

色彩搭配

整个空间以香槟金属色和线条感营造的豪华空间，简洁时尚又不失品质感；略看起来大气而简洁，细看之下，其实处处皆是设计师和业主共同用心设计的各种细节，由此才能创造出这样一个有兼具品味，品质感，而不繁杂的室内空间，真正十年不会落伍的居家环境。

沙发区域整体冷静色调，深色硬包造型与深色沙发，于是搭配了亮橙色系的装饰画与抱枕，沉稳又不失趣味。整体天花以简洁的叠级造型搭配细窄的香槟金不锈钢，大气而精致。自然的木质色调使整个居室充满休闲的氛围，是快节奏都市生活的休憩港湾。

金叶岛
别墅

▶ 现代简约风格

在本案中，业主对设计的要求是简单舒适，这对大面积的别墅户型来说并不容易。尤其在现今都市的嘈杂环境中，一个简洁的居所显得弥足珍贵。

西瑞尔设计团队以简单作为设计的主轴，在嘈杂的环境中以舒适简洁的居住呼应业主的生活品味及态度，同时注入专属风格于其中，让业主及家人享有一个满怀个人色彩及情感记忆的生活居所。

本案是一栋三层的别墅空间。一层客厅采用6米的挑高设计。客厅右侧独立出一个小小的吧台，作为休闲空间。二层的卧室全部带有独立卫生间。三层整层空间都留给主人，除了主卧之外，还有额外的衣帽间、书房、储藏间和观景阳台。

设计师
郭茂盛（深圳市西瑞尔建筑
设计顾问有限公司）

摄影师
吴奇睿

面积
530m²

主要材料
水泥砖、黑钢、黑玻、乳胶漆

项目地点
中国，汕头

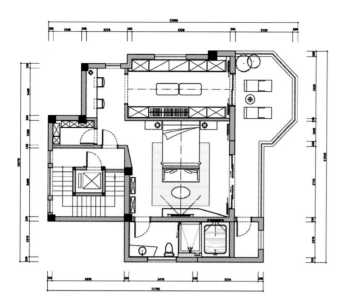

三层平面图

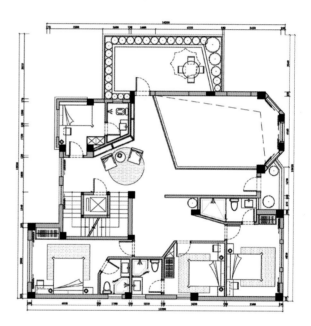

二层平面图

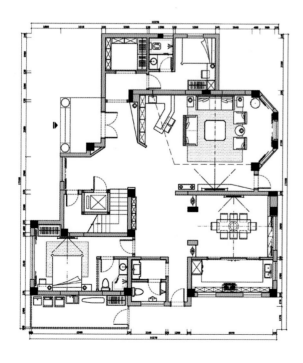

一层平面图

装饰品陈设

室内的陈设以简洁为主，客厅没有采用一般
挑高空间中使用的大型吊灯，而是几盏造型
简单的悬挂吊灯。主背景墙也只有一幅油画

做装饰，其余全部留白。餐厅与卧室的风格
一脉相承，色调以灰白为主，极少用亮眼的
修饰，饰品的搭配也极克制。

家具设计与材料使用

本案在设计中预留大量留白空间，搭配烤漆、
铁艺、玻璃、石材、实木等，发挥材质的特性，
形塑精致空间。个性张扬的独特风格，着重
视觉美感也重视实用功能，造就空间、自然、
人三者相呼应，体现了业主想要的舒适简单
生活。

纵观·场景

▶ 现代简约风格

本案是一套四层别墅，四房四厅四卫的结构，使用人数 4~6 人，采用了近境制作唐汉忠设计师最擅长的设计风格——现代简约风。

设计主题是纵观·场景，刻意运用穿透或局部开放的量体手法，除了虚化量体给人的压迫感，更让视觉得以在各个空间中串联继而延伸。透过量体的穿透，观察外在自然环境，于是，环境、光与影，因为有形的构物随之变化，带来不同生活体验场景。

运用实墙或量体交错的手法，由主卧进入主浴的过程，由于量体的置入，除了赋予实际功能，也巧妙地区隔空间的形态，形成廊道空间亦为更衣空间，借由不同的空间分配的可能性，界定了场域，也活络了人与空间中的动线。

纵目远观，一目了然，以空间为框，取环境为景，形成一种与存在共构，与自然共生的和谐状态。这是设计者所能理解的生活形态，是一种基于环境及基地条件，运用建筑手法与自然环境产生关系的一种生活空间。

设计师
唐忠汉
（近境制作设计有限公司）

摄影师
Kyle Yu / 近境制作

面积
548m²

主要材料
石材、铁件、玻璃、镀钛、
不锈钢、钢刷木皮、盘多磨

项目地点
中国，新北

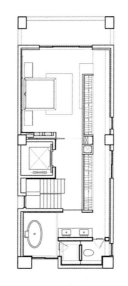

四层平面图　　　　　　　　　　　三层平面图

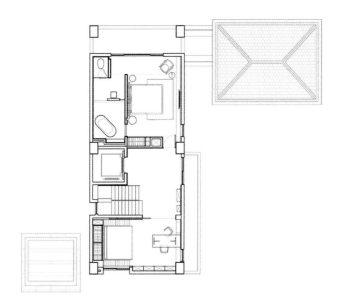

二层平面图　　　　　　　　　　　一层平面图

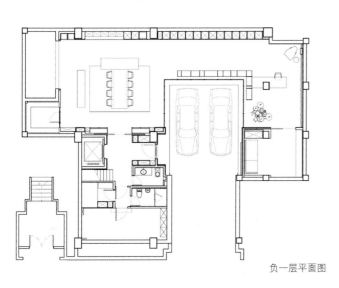

负一层平面图

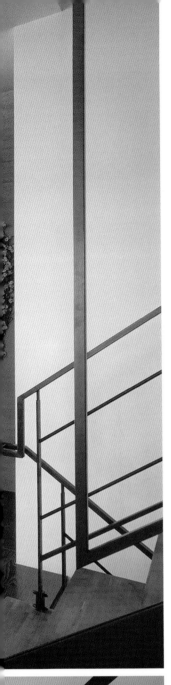

装饰品陈设

呼朋引伴，品酒长聊，虚化的层架，陈列着　　析的爱好，看似各自独立的区域，却又连贯
收藏也包含记忆。对于音乐的热情及影片赏　　而紧密相关。梦想从此刻启动。

家具设计与材料使用

空间的氛围来自于生活的需求，梦想着一辆品位象征的古董车，拥有宴会需求的大长桌。顶楼的空间，在童年的记忆里，是神秘而充满幻想的阁楼，拾级而上，一步步将所有的梦想及记忆真实地呈现在生活的场景之中，或坐或卧，或阅读或小憩，形成家的另一个小天地，于是梦想终将完美实现。

透过光线与环境融合，刻意散落的浴室布局，营造一种轻松随意的氛围，借此洗涤心灵，得到沉静。

色彩搭配

自然环境的色彩来自于光线，空间场域的色彩来自于素材，运用材料本身的肌理及原色，赋予造型新的生命。

国家美术馆
郭宅

▶ 现代时尚风格

设计师
袁筱媛、孟羿彣、黄士华
（隐巷设计顾问有限公司）

摄影师
卢振宇

面积
200m²

主要材料
意大利理石、超白洞石、米黄洞石、柚木、胡桃实木地板、强化烤漆玻璃、黑镜、橡木、白色烤漆、白色鳄鱼皮革

项目地点
中国，台北

业 主回台前已在洛杉矶生活十几年，因生活于洛杉矶养成的习惯，提出需要较大比例的厨房。此项目与客户沟通时间甚长，为定位设计方向。在设计之初，设计师希望打造一种品味生活的空间感受，舍去繁复的装修与装饰，让生活回归本质"光线、动线与质感"。

品宅，一种浑然天成的品位，一种自在舒服的私宅，品味与人居关系的联结。

空间大面的留白，是为了让居住者在生活中可以注入自我的灵魂，透过个人收藏、家具摆设等方式，让空间属于居住者，而非居住者去适应空间。"光线、动线与质感"为品宅的设计概念，整体带有慵懒的元素材料与颜色搭配，结合设计理念与手法，为"品宅"。

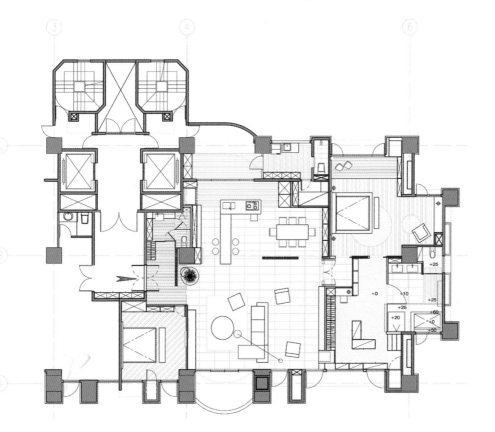

平面图

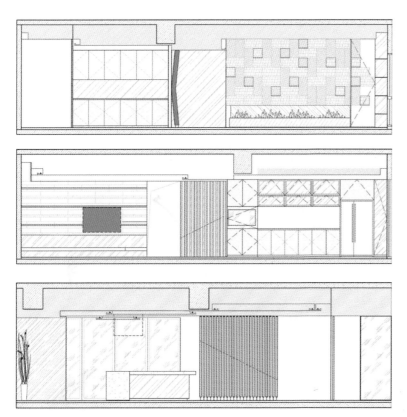

立面图

1/30

装饰品陈设

餐桌旁的黑色镜面设备柜，中间嵌入电视，让主人在做菜时能参考烹饪教学或者是看新闻。电视墙面的凿面超白洞石以黑铁作为分割，细长的比例搭配黑与白，是浪漫感性的品宅中唯一的线性空间，简约洗练，呈现业主的品位；另一面的马赛克与两色鳄鱼皮纹则是感性的堆积，下方为开放壁炉，此为吧台区。配饰上着重材料质感，选用著名设计品牌的落地灯与台灯，黑铁质感搭配沙发真皮，阳台上放置藤编的吊椅，夜晚便可欣赏到101美景。客卧恰到好处的灯光，让人立即忘却生活于都市的紧张感；两侧吊灯则让空间产生对比。

家具设计与材料使用

设计师将厨房与餐厅结合,对应于客厅与吧台区,中间以折角木格栅作为区分,若影若现的视觉,让空间产生动感,透过木格栅让光影错落有序,让光线在空间中随着人影与日光的自在流动,塑造舒适的空间。天花板的设计主要是保持空间高度,并以全局照明的概念处理,入口玄关与餐厅的天花板是空间的最低点;主卧室内则仿佛成为业主心灵的呈现,以白色系为主的空间,象征女性的单纯。因为空间的主角是人,并非材料,木皮为空间带来温润感,意大利理石的冰冷与木皮相互冲突,却又相互包容,品宅自然而生。本案使用折角木格栅作为玄关与厨房的空间划分,客厅与餐厅中间的淡金色不锈钢天花板置入银河般的光纤,打造业主派对时的星光走道,人在夜晚小酌时连同欣赏屋外天空的繁星点点,制造浪漫。玄关地面为倒角实木地板,强化脚踩的感受,进入到客厅之后空

间感因天花与木格栅产生变化,而地面也转换成大理石,这点是考虑人从外面嘈杂的环境回到家中,第一个感受应该是平静、稳定感,随着不同空间与光影变换,让心理慢慢放松,天花板上的银河状光纤则是体现业主的浪漫个性。

主卧床头墙的格栅延续公共空间的造型,并勾上随性的比例,床头前方为白色鳄鱼皮门板与白色烤漆柜,当光影随着纹理洒落时,是白色的空间中的惊喜;转进更衣间,第一眼可见到电影《星战》中的艺术品,天花板上则是施华洛世奇水晶灯,主卧浴室整体使用复古面南非理石,搭配柚木实木地板,呈现舒适感受;客房以舒服、质感为主调,床头采用橡木实木板,墙面辅以淡褐色涂料,洗手间配置于玄关旁,区隔并维持业主的私密空间隐私性,采用黄色洞石材料,让使用者能彻底放松。

深圳卓越维港
别墅

▶ 现代时尚风格

在本案设计师李益中看来，有时，设计成果是像做数学题一样推导出来的，相当理性。好设计的标准应该是完全私人化定制的，在设计师深入了解业主之后，为他度身定制的属于他的理想家。本案的主人身处时尚圈，喜欢开跑车，也好客爱热闹，常常呼朋唤友来家里开派对。这间别墅就是为其度身定制的理想家。

这是一套现代、时尚、生机勃勃的别墅居所，空间自由、气韵流动、光影绰约。

别墅共有四层楼，中间有个五层高的中庭，还有地下室和屋顶花园。

设计师热衷于用形式的"少"营造空间的"多"，创造属于咱们这个时代的作品。在惯常的思维模式里，"别墅"为了表现其豪华有价值，欧式美式风格似乎成为别墅设计的代名词，复杂的镶板、繁复的陈设让人目不暇接。无疑，这种繁复的"多"是一种美。但像本案里的"少"，时尚精致且不缺失自然，又何尝不是一种脱俗的气质之美呢！

设计师
硬装设计: 李益中、范宜华、
黄剑锋（设计公司: 都市上
逸住宅设计）
软装设计: 熊灿、欧雪婷、
孙彬

面积
620m²

主要材料
意大利木纹、胡桃木饰面、
硬包、橡木地板、古铜不锈钢

项目地点
中国，深圳

Jasper Johns The Museum of Modern Art

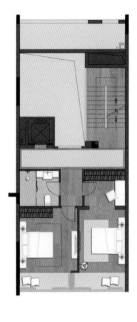

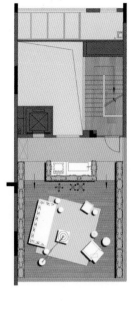

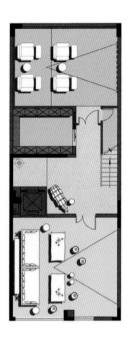

三层平面图　　　　　　　四层平面图　　　　　　　楼顶露台平面图

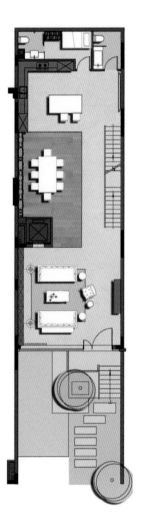

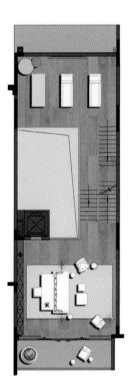

地下室平面图　　　　　　一层平面图　　　　　　　二层平面图

装饰品陈设

一层的客餐厅和地下室的茶室影视厅为主人的好客之举提供了尽情释放的空间。中庭内设置了自上而下的垂直绿化，绿意盎然，调节了室内的空气质量，同时也是整个别墅空间中最写意的一笔。当阳光透过天窗倾泻，投射在每一片泛着油光的绿叶之上，洋溢着

自然的生命气息。垂直绿化墙是这个别墅设计中的视觉焦点，是浪漫轻柔的绚丽华彩。为了解决内部竖向交通问题，除保留了原有的楼梯，设计师还专门加设了电梯。中庭是这个别墅的核心空间，各功能模块围绕中庭展开。电梯设在中庭内，为中庭空间带来上

下下的动感。

二楼是健身房和主人书房。书房是开放式的，关系亲近的朋友可以在主人的邀请之下在这里欣赏音乐喝茶聊天，奉为尊贵的座上宾。

色彩搭配

三、四楼均为卧室，经由二楼将半私密性的起居及待客空间与安静的寝卧空间区隔开来，各功能空间各得其所，富于层次。主人的卧室套间位于顶层，拥有绝佳的视野和采光，隔而不断的浴室套间采用了与卧室同样的主题色调，静谧的纯白色与在柔和灯光的投射下，完全隔绝了外界的喧嚣。

波托菲诺
天鹅堡

▶ 现代奢华风格

本案业主是浙江大学自动化专业毕业的高才生，一直从事自动化工业产品的设计工作，对美感有独到的理解和追求。因为平时的专业工作枯燥而无味，所以更希望自己的家有活跃的气氛和高级的品质感。

以"低调的高贵"为艺术创作精神，不造作、不浮夸，以此表达空间自身的时髦态度。正如安藤忠雄所说："奢华的家要有安静的感觉，触动心灵深处。"

项目保留了现代人们所推崇的实用功能，以适应变化之势，通过现代极简的造型、艳丽夺目的色彩以及新颖的材料搭配，成为当下时尚设计的艺术符号。

设计师
朱俊翔（维塔空间设计）

软装设计
钟旋

主要材料
玫瑰金不锈钢、太平洋灰、浅云灰、意大利黑金花、古木纹、皮革、黑檀木、墙布

项目地点
中国，深圳

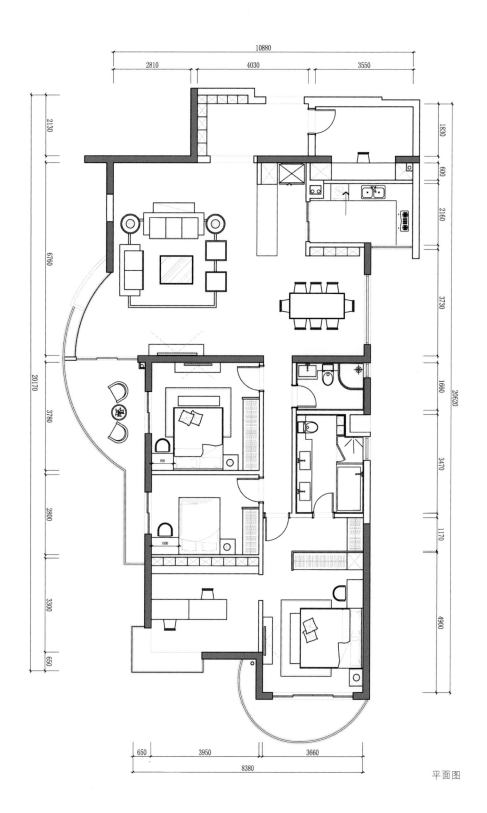

10880
2810　　4030　　3550
2130
1830
600
6760
2160
3730
20170
20620
3780
1660
2800
3470
3300
1170
650
4900

650　3950　3660
8380

平面图

装饰品陈设

在私宅空间设计中，精美奢华的细节装饰表露的却是自然形式的高级风格化。功能与美的平衡将一个舒适、宜人、安宁的环境表达得恰到好处，体现暗自华贵的气质。

玄关中富有当代艺术气息的挂画、装饰、家具等形成强烈的视觉符号转换到空间中，形成接近生活又明显高于生活的气质。别具一格的金属灯饰、挂画和艺术装饰，无不流动着艺术的灵感。

家具设计与材料使用

家具材质和款式方面体现了新贵一族的个性
与追求，各种家具、饰品在空间中生动巧妙
地并置。

色彩搭配

整个空间色彩沉稳而安静，以睿智冷静的棕榈色、高贵典雅的灰为色彩基调，搭配自然华贵的玫瑰金、爱马仕标志的经典橙，以及中性的色调在比例、情绪和故事间平衡出了无限的舒适。设计主要以后现代主义风格为基础，以色彩和陈设来实现不同区域的特定功能和独特韵味，呈现空间丰沛的美学力量。运用大量的中间色系让空间融合起来，以灰色和棕榈色为主色调，搭配色调以卡其、米黄色为主，小面积的色彩碰撞，中西方元素搭配，令整体环境优雅而又呈现变化。

华亭首府 13 号

▶ 现代奢华风格

设计师
上海多姆设计工程有限公司

摄影师
鲍世望

面积
500m²

主要材料
银白龙大理石、不锈钢饰面、
木饰面、铁艺、拼花木地板

项目地点
中国，上海

本案由多姆设计的意大利籍设计师领衔，设计师身兼印象派画家，大胆地搭配色彩，自如地驾驭全局，鲜活纯熟地表达自己丰富灵动的内心世界；与思维敏捷、视野开阔的年轻设计团队一同将该案作品呈现于世。

设计灵感来源于意大利顶级奢侈品的概念元素，从整体布局，到材质挑选，再到家具装饰，新颖独到、时尚大气、精致考究的设计气质令人印象深刻；镜面反射手法的拿捏恰到好处，空间增大的同时，视觉上却丝毫不显繁复冗赘；以人为本的思考，为每一位家庭成员量身定制专属生活空间，加之配色灵动精彩，"一层一境界，六层六重天"正是这支团队的执着追求。

一层客厅挑空高度达 3 米，客厅与餐厅的通透以满足家庭成员的无间沟通。二层儿童房的卧室区与活动区域打通，书桌成了衔接两者的桥梁。三层整层为专享空间设置，近 30 平方米大主卧。

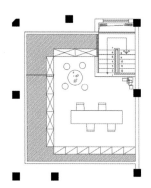

阁楼平面图

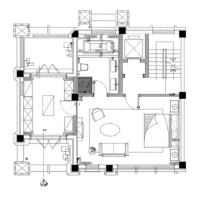

三层平面图

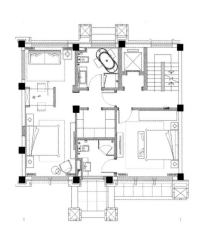

二层平面图

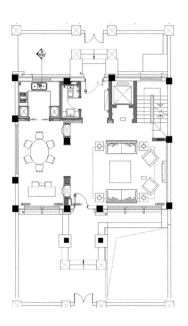

一层平面图

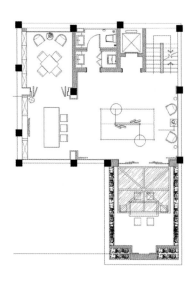

负一层平面图

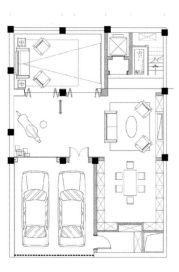

负二层平面图

装饰品陈设

客厅背景墙上选用 de Gournay 英国高端手绘壁纸，生机盎然的紫藤花图案在墙面盘绕，直至延伸到餐厅椅背和沙发抱枕上，营造了恬静舒适的整体氛围。主卧内，在主卫天花 de Gournay 壁纸上手绘锦鲤，古朴典雅，更喻"如鱼得水""金玉满堂"之意。

在阁楼一同珍藏记忆、仰望星空，或许再温馨浪漫不过；太阳能热水器管道被设计师巧妙地变为两支"神来之笔"；在壁纸上为男女主人记录点点滴滴，成一封情书、一支情歌。

家具设计与材料使用

地面优选黑色大理石材与 SICIS 意大利殿堂级马赛克的结合，则是经典的时尚。二层双亲房的家具及内饰采用了鲍鱼贝元素，卫生间墙面及地面选用的名贵大理石，异曲同工，都是为双亲营造意境深沉、平静安详的休憩空间。而"阳光"则是儿童房的主题，三面落地大窗全方位满足了采光，加之明快的绿色与跃动的滑板元素，衬托动静相宜、阳光向上的翩翩少年。三层主卧，整幅马赛克手工镶嵌背景墙，整体床头长 2 米的大床，无不是一家之主的梦想，也传达着设计师对主人的敬意，不仅如此，壁炉边隐形门亦是特别安排的惊喜。

考虑到别墅的女主人为全职太太，设计师在地下一层倾心营造了由棋牌室、烘焙区和户外庭院组成的休闲空间，在这里切磋牌艺、烹制西点、午后茶叙，正是现代女性所追求的优雅精致的生活情调。地下二层则是纯正的男性领地，独立雪茄区、双排酒柜、高保真影音室，配备灰色调绒布沙发与爱马仕橘，提升了生活品位的格调，皮革与不锈钢材质的运用更显睿智、硬朗的商务气质；而真正的生活不可缺少运动，设备精良的健身区恰恰彰显了男主人作为成功人士的卓尔不群之处——强健体魄与挑战精神。

索引

作者简介

龙涛

软装设计师培训机构——易配者软装学院创始人，全案设计大奖——易配大师奖组委会主席，中国智能装饰电子商务研究中心副主任，软装行业商业策划专家，中国软装行业营销策划大师，软装设计网络培训的领军人物，"硬装 + 软装 = 全案设计"理念的引领者，"硬装 + 软装 = 全案设计"设计大奖赛发起人，软装行业顶层商业模式实战教父。

人物经历

龙涛有 9 年软装设计经验，8 年软装行业营销策略实战经验。2014 年进军软装设计师培训行业，通过互联网在线教育模式，把传统的软装设计师培训搬到网上教学。通过三年的快速发展，所创立的易配者软装学院已经成功地成为软装设计师培训领域的佼佼者。

著作

《室内设计师赚钱秘籍》《如何打造极致软装方案》

《室内设计师如何实现年薪百万》《软装行业营销赚钱秘籍》

《装饰行业转型互联网营销白皮书》《你就是设计大咖》

图书在版编目（CIP）数据

家居空间与软装搭配.别墅/龙涛编;孙哲译.–
沈阳:辽宁科学技术出版社,2017.9
ISBN 978-7-5591-0304-8

Ⅰ.①家… Ⅱ.①龙… ②孙… Ⅲ.①别墅－室内装
饰设计 Ⅳ.① TU241

中国版本图书馆 CIP 数据核字 (2017) 第 137004 号

出版发行：辽宁科学技术出版社
　　　　　（地址：沈阳市和平区十一纬路 25 号 邮编：110003）
印 刷 者：鹤山雅图仕印刷有限公司
经 销 者：各地新华书店
幅面尺寸：215mm×285mm
印　　张：17
插　　页：4
字　　数：220 千字
出版时间：2017 年 9 月第 1 版
印刷时间：2017 年 9 月第 1 次印刷
责任编辑：于　芳
封面设计：关木子
版式设计：关木子
责任校对：周　文

书　　号：ISBN 978-7-5591-0304-8
定　　价：298.00 元

联系电话：024-23280367
邮购热线：024-23284502
http://www.lnkj.com.cn